BEI GRIN MACHT SICH IHR WISSEN BEZAHLT

AF149045

- Wir veröffentlichen Ihre Hausarbeit, Bachelor- und Masterarbeit

- Ihr eigenes eBook und Buch - weltweit in allen wichtigen Shops

- Verdienen Sie an jedem Verkauf

Jetzt bei www.GRIN.com hochladen und kostenlos publizieren

GRIN

Norbert Jost

Gefüge und Eigenschaften der Stähle mit besonderer Beachtung der hochfesten Baustähle

GRIN Verlag

Bibliografische Information der Deutschen Nationalbibliothek:

Die Deutsche Bibliothek verzeichnet diese Publikation in der Deutschen National-
bibliografie; detaillierte bibliografische Daten sind im Internet über http://dnb.d-
nb.de/ abrufbar.

Dieses Werk sowie alle darin enthaltenen einzelnen Beiträge und Abbildungen
sind urheberrechtlich geschützt. Jede Verwertung, die nicht ausdrücklich vom
Urheberrechtsschutz zugelassen ist, bedarf der vorherigen Zustimmung des Verla-
ges. Das gilt insbesondere für Vervielfältigungen, Bearbeitungen, Übersetzungen,
Mikroverfilmungen, Auswertungen durch Datenbanken und für die Einspeicherung
und Verarbeitung in elektronische Systeme. Alle Rechte, auch die des auszugsweisen
Nachdrucks, der fotomechanischen Wiedergabe (einschließlich Mikrokopie) sowie
der Auswertung durch Datenbanken oder ähnliche Einrichtungen, vorbehalten.

Impressum:

Copyright © 2004 GRIN Verlag GmbH
Druck und Bindung: Books on Demand GmbH, Norderstedt Germany
ISBN: 978-3-638-64948-3

Dieses Buch bei GRIN:

http://www.grin.com/de/e-book/27495/gefuege-und-eigenschaften-der-staehle-
mit-besonderer-beachtung-der-hochfesten

GRIN - Your knowledge has value

Der GRIN Verlag publiziert seit 1998 wissenschaftliche Arbeiten von Studenten, Hochschullehrern und anderen Akademikern als eBook und gedrucktes Buch. Die Verlagswebsite www.grin.com ist die ideale Plattform zur Veröffentlichung von Hausarbeiten, Abschlussarbeiten, wissenschaftlichen Aufsätzen, Dissertationen und Fachbüchern.

Besuchen Sie uns im Internet:

http://www.grin.com/

http://www.facebook.com/grincom

http://www.twitter.com/grin_com

Norbert Jost

Gefüge und Eigenschaften der Stähle mit besonderer Beachtung der hochfesten Baustähle

Zusammenfassung

Hohe Festigkeiten, wie sie wegen der zunehmenden Tendenz zum Leichtbau erforderlich sind, werden bei Stählen i.A. durch höhere Kohlenstoffgehalte und durch Bildung harter Gefügebestandteile wie Martensit oder Zwischenstufengefüge erzielt. Bei Stählen mit guter Schweißeignung versagen jedoch diese Mechanismen. Der Kohlenstoffgehalt muss, um gefährliche Aufhärtungen zu vermeiden, auf Anteile unter 0,2% begrenzt bleiben. Feinkornbaustähle mit guter Schweißeignung erhalten daher ihre hohe Festigkeit durch Zugabe von Legierungselementen (Mn, Si, Cr, Cu, Ni, Mo), die u. a. eine Legierungsverfestigung im Ferritmischkristall bewirken. Weitere Legierungselemente wie z.B. Al, Ti, Nb und V bilden schwer lösliche und kornwachstumshemmende Nitride bzw. Karbide. Ein besonders feinkörniges Gefüge ist die Folge, wodurch die Streckgrenze weiter erhöht und gleichzeitig die Kerbschlagarbeit verbessert wird. Weitere Optimierungen, insbesondere bezüglich der Festigkeit werden durch gezielte thermomechanische und Vergütungsbehandlungen erreicht.

1 Einleitung – Abgrenzung des Themas

Moderne und innovative Stahlwerkstoffe müssen die vielfältigsten Forderungen erfüllen. Vor dem Hintergrund der Wettbewerbsfähigkeit der Industrie heißt dies beispielsweise, dass der gewählte Werkstoff

- die vorhandene Infrastruktur nutzen,
- Serienfertigung ermöglichen,
- die Fertigung rationalisieren,
- optimierte Eigenschaften besitzen,
- die Leistung steigern sowie
- das Gewicht einer Konstruktion verringern

muss. Eine grundlegende Voraussetzung zur Erfüllung solcher Anforderungen ist, dass das Material in der Infrastruktur der weiterverarbeitenden Industrie eingesetzt werden kann. Das bedeutet, dass sich die hohen Investitionen in maschinelle Ausrüstung, wie beispielsweise Maschinen zum Fügen und zum Umformen, und die Investitionen in Schulung und Know-how rentieren müssen.

Eine andere, ebenso wichtige Voraussetzung ist, dass das Material in der industriellen Serienfertigung eingesetzt werden kann, wo immer höhere Anforderungen bezüglich kurzer Laufzeiten und besserer Produktionsergebnisse gestellt werden.

Das Material muss auch eine rationellere Fertigung ermöglichen. Ein Beispiel sind die Kaltumformeigenschaften von höherfesten Stahl, d.h. der Stahl muss in einem einzigen Stück gepresst und gebogen werden können, statt mehrere Teile zusammenschweißen zu müssen.

Das gewählte Material muss auch eine Verbesserung der wesentlichen Eigenschaften bieten. Das kann beispielsweise bedeuten, dass ein Teil oder Produkt eine längere Lebensdauer hat oder die Kosten seiner Wartung geringer sind.

Ein sehr deutliches Resultat der gesamten Produktentwicklung ist, dass eine neue Generation leistungsfähiger, leichter und kleiner ist als die Vorgängergeneration.

Unter allen technischen Werkstoffen werden Metalle auch weiterhin eine herausragende Rolle spielen. Dies gilt mit kleinen Einschränkungen ganz besonders für die

Stähle, die als typische Vertreter der Strukturwerkstoffe noch erhebliches Entwicklungspotential besitzen /1-3/ Kein anderer technischer Werkstoff wird weltweit in solchen Mengen (ca. 700 Millionen Tonnen Rohstahl/Jahr) produziert wie Stahl, und kaum ein anderer verfügt über so vielfältige nützliche Eigenschaften. Die große technische Bedeutung beruht vor allem auf der guten Formbarkeit und der Eignung zur gezielten Einstellung von Eigenschaftskombinationen durch Legieren und/oder thermische bzw. mechanische Behandlungen. Insbesondere in dem großen und komplexen Bereich der mechanischen und thermo-mechanischen Beanspruchung sind Stähle nach wie vor die erste Wahl und bieten die höchste Sicherheit und Zuverlässigkeit. Hinzu kommt, dass eine extrem langjährige Erfahrung mit dem Umgang von Stählen existiert, d.h. Herstellungs-, Fertigungs-, Verarbeitungs- aber auch Reparaturverfahren sind weitestgehend etabliert. Nicht zuletzt ist einerseits die relativ preiswerte Verfügbarkeit von Eisen und seinen Legierungskomponenten (*auch wenn bei Verfügbarkeit und Preis von Stahl und Stahlschrott in jüngster Zeit durch massive Aufkäufe aus dem asiatischen Raum eine deutliche Wendung festgestellt werden konnte*), andererseits aber auch die Recycling-Fähigkeit von Stählen außerordentlich hoch und damit positiv zu bewerten.

Das folgende Beispiel zeigt, dass sich schon durch eine relativ leicht zu realisierende Anpassung der Konstruktion an die Eigenschaften von höherfesten Stählen wesentlich höhere Leistungen erzielen lassen:
So sind die vorderen Seitenträger wichtige Sicherheitskomponenten von Fahrzeugen. Deren Aufgabe besteht darin, bei einer Kollision die Energie aufzunehmen. Die Seitenträger wurden in diesem Fall aus einem weichen Stahl gefertigt und hatten quadratische Form. Durch Wechsel zu kaltgewalztem höherfesten Stahl wurde das Energieaufnahmevermögen verdoppelt. Wenn man außerdem die Form des Trägers von quadratisch zu sechseckig verändert, erhält man gleichzeitig eine weitere Erhöhung des Energieaufnahmevermögens um nicht weniger als 50 %.

Es gibt keine einheitliche Definition von höherfestem Stahl. Die Definition ist von Branche zu Branche unterschiedlich und beruht darauf, wie der höherfeste Stahl angewendet wird. Das Ziel dieses Aufsatzes soll deshalb darin bestehen, eine kurze aber prägnante Übersicht über die Wechselwirkungen zwischen Gefüge (also dem inneren Aufbau) und den Eigenschaften von Stählen zu geben, wobei wegen ihrer zunehmenden Bedeutung ein besonderer Schwerpunkt auf die höherfesten Baustähle gelegt werden soll.

2 Einteilung und Kennzeichen der Baustähle

Stähle ermöglichen ein reichhaltiges Spektrum von einstellbaren Eigenschaften bzw. Eigenschaftskombinationen. Dabei führen geringfügige Änderungen der chemischen Zusammensetzung (Tabelle 1), aber auch der Produktions- und Weiterverarbeitungsbedingungen bereits zu unterschiedlichen Festigkeits- und Zähigkeitskennwerten. Dies wird in raffiniert zusammengestellten Legierungen - oft in Kombination mit immer wieder neuartigen Behandlungsmethoden - bis ins letzte Detail ausgenutzt.

Die wichtigste werkstoffkundliche Grundlage dafür ist ein ganz besonderes Verhalten der meisten Stähle. Danach sind in Abhängigkeit der Temperatur zwei unterschiedliche Atomgitterstrukturen mit jeweils ganz spezifischen Einflüssen auf die Werkstoffeigenschaften thermodynamisch stabil. Hierdurch werden wiederum erst spezielle „innere Vorgänge" wie z.B. die Lösung von anderen Legierungselementen, deren Diffusionsfähigkeit und letztendlich auch die Härtbarkeit ermöglicht. Die Bilder 1a und b zeigen als Beispiel dazu das mikroskopisch sichtbare Gefüge vor und nach einer solchen Gitterumwandlung (martensitische Umwandlung), wie sie in ähnlicher Weise auch beim Härten von Stahl zu beobachten ist /4/.

Tabelle 1: Legierungselemente verändern die Eigenschaften von Stahl auf unterschiedliche Weise; hier: vereinfachte Zuordnung von Legierungselementen und deren Wirkung.

Wirkung	Element
Festigkeit ↑	Cr, Mn, Si, N, V
Stähle aus reinem Austenit	Mn, Ni
Oxidationsneigung bei hohen Temp. ↓	Si, Al, Cr
Korrosionsbeständigkeit ↑	Cr, Cu
Festigkeit bei hohen Temp. ↑	Mo, V, W, Co
Verschleißfestigkeit ↑	Co, W
Einhärtungstiefe ↑	Mn, Ni, Cr
Elektrischer Widerstand ↑	Si, Ni

Bild 1a: Gefüge einer Eisen-Nickel-Legierung <u>vor</u> der Gitterumwandlung (Austenit), Lichtmikroskopie

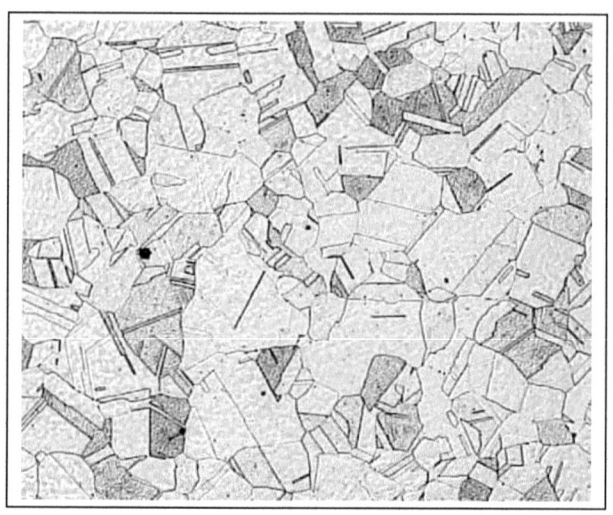

Bild 1b: Gefüge einer Eisen-Nickel-Legierung <u>nach</u> der Gitterumwandlung (Martensit), Lichtmikroskopie

Der Anteil der allgemeinen Baustähle an der Weltstahlproduktion beträgt etwa 70%. Allein daraus wird bereits deutlich, wie wichtig diese Werkstoff- bzw. Stahlgruppe für die Industrie, insbesondere für den Maschinenbau, ist.

Baustähle stellen damit unter den Stählen die mengenmäßig am häufigsten eingesetzte Gruppe dar. Sie werden in vielfältigster Weise im Stahlbau, im Apparatebau und im Maschinenbau eingesetzt.

Ihre Hauptaufgabe ist (wie bei allen Strukturwerkstoffen) die Aufnahme von Lasten aller Art (**mechanisch**, chemisch, thermisch). Für den erfolgreichen Einsatz in der Praxis müssen natürlich noch weitere Anforderungen, insbesondere im Bereich ihrer technologischen Eigenschaften (i.d.R. meint man damit fertigungsbedingte Eigenschaften) erfüllt sein:

- Umformbarkeit
- Sprödbruchsicherheit
- Schweißeignung

Die quantitative Beurteilung dieser Eigenschaften erfolgt über entsprechende Kennwerte wie z.B. Streckgrenze (R_e), Bruchdehnung (A_5), Kerbschlagarbeit (A_V), Über-gangstemperatur ($T_{ü}$), Kohlenstoffäquivalenzwert (CEV) usw.

Baustähle haben eine sehr interessante Entwicklung hinter sich, wobei die werkstoff-kundlichen Potentiale immer noch nicht ganz ausgeschöpft zu sein scheinen.
Durch stetige Weiterentwicklungen, insbesondere der Optimierung des Werkstoff-Mikrogefüges, werden mittlerweile leicht Streckgrenzen von weit über 700 MPa er-zielt. Bild 2 zeigt hierzu die zeitlich beeindruckende Entwicklung.

Bild 2: Zeitliche Entwicklung der Festigkeitssteigerung von Baustählen

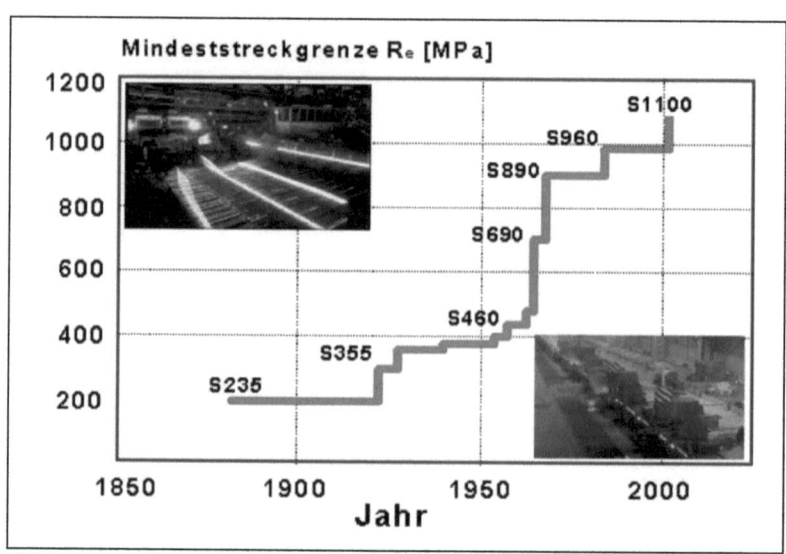

Die stark erweiterten Anforderungen in modernen Stahlanwendungsbereichen führ-ten zu den höherfesten, mikrolegierten Stählen. Diese Stähle haben im Vergleich zu den normalen allgemeinen Baustählen sehr geringe Kohlenstoffgehalte und ent-halten kleinste Mengen Niob, Titan, Zirkonium, Cer, Tellur und/oder Vanadium als Mikrolegierungselemente. Ihre besonderen mechanischen Eigenschaften erhalten sie durch die einzeln oder in verschiedenen Kombinationen zugesetzten Mikrolegie-rungselemente und durch eine gezielte Aushärtung bzw. thermomechanische Behandlung.

Eine darüber hinausgehende Steigerung der Streckgrenzenwerte ist dann noch mit vergüteten Feinkornbaustählen möglich. Der Legierungsaufbau dieser wasservergüteten Stähle richtet sich im wesentlichen nach der gewünschten Streckgrenze und Zugfestigkeit, sowie nach der Erzeugnisdicke, damit eine Durchvergütung erreicht wird.

Höherfeste Baustähle ermöglichen generell geringere Querschnitte beanspruchter Teile und führen damit zu einer deutlichen Masseeinsparung. So ließe sich mit solchen Baustählen beispielsweise der gesamte Eifelturm mit einer Menge von 2.000 Tonnen anstatt der seinerzeit verbauten 7.000 Tonnen Stahl herstellen. Moderne Stahlbrücken profitieren von der teilweisen Umwandlung des Eigengewichtes in Nutzlast. Im Apparatebau kommen Druckbehälter mit geringerer Wanddicke und entsprechend niedrigeren Schweißkosten aus.

Im Zustandsdiagramm Eisen-Kohlenstoff (genauer im Teildiagramm Fe-Fe$_3$C) lässt sich der Bereich der Stähle bei einem maximalen Kohlenstoffgehalt von etwa 2,06 % C eingrenzen. In diesem Bereich findet man die Baustähle wiederum bei vergleichsweise niedrigen C-Gehalten von rund 0,2 %, (Bild 3).

Steigende Kohlenstoffgehalte im Stahl erhöhen den verhältnismäßig harten und spröden Perlitanteil und damit Streckgrenze und Zugfestigkeit. Sie erniedrigen aber gleichzeitig die Bruchdehnung und die Kaltumformbarkeit merkbar und verschlechtern die Zähigkeit und das Sprödbruchverhalten.
Hinzu kommt die Gefahr der Bildung von Härtungsgefügen beim Schweißen im Bereich der sich schnell abkühlenden Wärmeeinflusszone (WEZ) unmittelbar neben der Schweißnaht und der damit verbundenen Rissgefahr im Schweißnahtbereich.

Bild 3: Fe-Fe₃C Diagramm

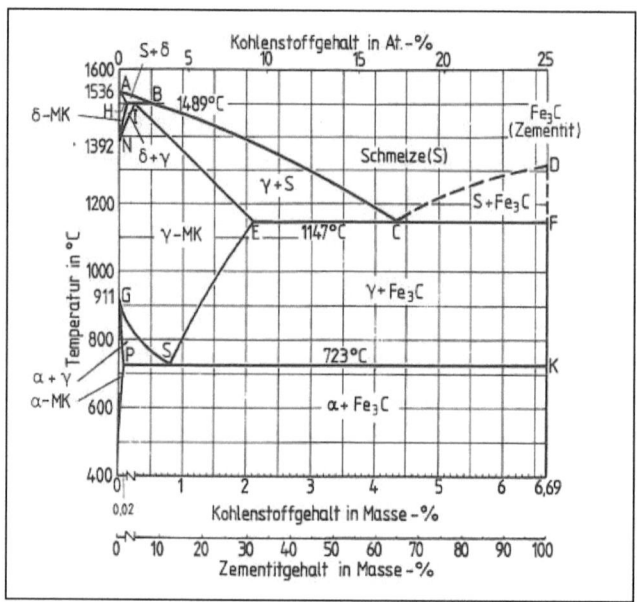

Die Festigkeit (vor allem der wichtige Wert der Streckgrenze R_e) wird ganz wesentlich mit über die Korngröße beeinflusst. Aluminium, Niob, Chrom und andere (Mikro-) Legierungselemente bewirken ein feines Korn sowie die Ausscheidung feiner Nitride und Carbide. Der Perlitanteil kann dabei stark vermindert oder ganz unterdrückt werden.

Ein gesteuertes Vorgehen bei der Warmumformung kann den Effekt noch verstärken. Dazu müssen jedoch Erwärmen, Walzen und Abkühlen des Walzgutes in engen Temperaturbereichen genau eingehalten werden. Es hat sich gezeigt, dass perlitreduzierte bis perlitfreie Stähle dieser Gruppe wesentlich unproblematischer geschweißt werden können.

Neben dem verringerten Kohlenstoffgehalt spielt ein niedriger Schwefelgehalt hinsichtlich der Verarbeitungs- und Gebrauchseigenschaften eine wichtige Rolle. Außer einer Entschwefelung kommen verschiedene Verfahren zur Sulfidformbeeinflussung zur Anwendung. Auf diese Weise werden neben günstigen zur Anwendung. Auf diese Weise werden neben günstigen Querwerten (ebene Anisotropie) auch die Eigenschaften senkrecht zur Erzeugnisoberfläche verbessert.

Tabelle 2 gibt eine Übersicht über die einzelnen Gruppen der schweißgeeigneten Feinkornbaustähle und die jeweils angewendeten Härtungsmechanismen.

Die Feinkornbaustähle werden nach ihrer Mindeststreckgrenze benannt. Die Bezeichnung beginnt mit dem Kennbuchstaben S, gefolgt von dem Mindestwert der Streckgrenze für die kleinste Erzeugnisdicke in MPa (= N/mm^2). Die nachfolgenden Kennbuchstaben N, M oder O geben an, ob es sich um einen normalgeglühten bzw. normalisierend gewalzten Feinkornbaustahl handelt (N), einen thermomechanisch gewalzten (M) oder einen vergüteten (O). Ein Zusatzkennbuchstabe L am Ende der Bezeichnung weist auf verbesserte Kerbschlagzähigkeit bei tiefen Temperaturen hin. Detaillierte Anforderungen an die normalgeglühten und die thermomechanisch gewalzten Feinkornbaustähle sind in der DIN EN 10113 dokumentiert; an vergütete sowie ausscheidungsgehärtete Feinkornbaustähle in der DIN EN 10137.

Am Beispiel der Warmbanderzeugung sind in Bild 4 unterschiedliche Fertigungswege dargestellt:

- Beim konventionellen Walzen ist eine anschließenden Normalglühung erforderlich
- Beim normalisierenden Walzen (N) wird die gewünschte Kornfeinung durch eine Absenkung der Walzendtemperatur erreicht. Der Austenit rekristallisiert bevor er umwandelt.
- Beim thermomechanischen Walzen (M) unterbleibt (unterstützt durch ausgeschiedene Nitride und Karbide der Mikrolegierungselemente) sowohl ein Kornwachstum des Austenits als auch seine Rekristallisation.
- Um höchste Festigkeiten zu erzielen, kann sich nach dem thermomechanischen Walzen noch eine schnelle Abkühlung, eine sogenannte Wasservergütung, anschliessen (O).

Die erreichbare Streckgrenze nimmt in der Behandlungsfolge N, M, O zu.

Tabelle 2: Einteilung der Feinkornbaustähle (schweißgeeignet)

Gruppe	Bezeichnung	Streckgrenze [MPa]	Legierungsbasis	Härtungs-mechanismus
1	allgemeine unlegierte Feinkornbaustähle	235 - 355	C < 0,22 Si < 0,50 Mn < 1,60 Al 0,02 -0,06	$\Delta\sigma_{MK}$ $\Delta\sigma_{KG}$
2	hochfeste, mikrolegierte Feinkornbaustähle	355 - 460	Mn wie **1**, zusätzlich Mikrole-gierungselemente: V < 0,22 Nb < 0,13 Ti < 0,04 [Σ < 0,25]	$\Delta\sigma_{MK}$ $\Delta\sigma_{KG}$ $\Delta\sigma_{T}$
3	thermomechanisch be-handelte Feinkorn-baustähle	275 - 900	wie **2**, jedoch C < 0,16 Mn bis 2,10	$\Delta\sigma_{MK}$ $\Delta\sigma_{KG}$ $\Delta\sigma_{V}$ $\Delta\sigma_{T}$
4	vergütete Feinkorn-baustähle	460 - 960	ähnlich **2** bzw. **3**, Cr < 1,5 Mo < 0,7 Ni < 2 teilweise Zr bzw. B	$\Delta\sigma_{MK}$ $\Delta\sigma_{KG}$ $\Delta\sigma_{T}$

$\Delta\sigma_{MK}$ = **Mischkristallverfestigung**,

$\Delta\sigma_{KG}$ = **Feinkornverfestigung**,

$\Delta\sigma_{V}$ = **Versetzungsverfestigung**,

$\Delta\sigma_{T}$ = **Teilchen- (Ausscheidungs-) verfestigung**

Bild 4: Erreichbare mechanische Kennwerte (R_e, A_5) in Abhängigkeit des Behandlungsverfahrens, (nach /1/).

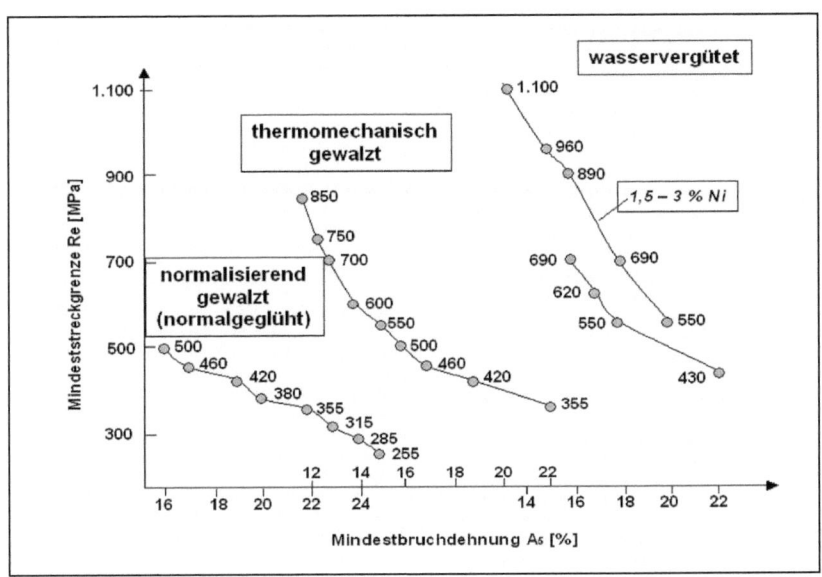

2.1 Allgemeine unlegierte Feinkornbaustähle

Die Stähle in dieser Gruppe haben Streckgrenzen im Bereich zwischen 235 MPa und 355 MPa. Die Gebrauchs- und Fertigungseigenschaften der unlegierten Feinkornbaustähle sind eng mit dem Kohlenstoffgehalt verknüpft. Mit diesem kostengünstigen Element lässt sich eine sehr weite Variationsbreite einstellen. Neben dem Kohlenstoff werden häufig noch die erzeugungsbedingten Silizium- und Mangangehalte ausgenutzt. Die Grundfestigkeit erfolgt dabei über einen mehr oder weniger feinstreifigen Perlit sowie der Mischkristallverfestigung. Feinkörnigkeit und gute Schweißeignung erreicht man allerdings erst über eine Beruhigung mit 0,02 - 0,06 % Aluminium. Die dabei erzeugten Al-Nitride sind auch noch bei erhöhter Temperatur beständig und stellen hervorragende und feinverteilte Keimstellen für ein

Mit zunehmenden Kohlenstoffgehalt steigt der Perlitgehalt und damit die Zugfestig-

keit, (Bild 5). Neben dieser grob zweiphasigen Verfestigung durch die härteren Perlit-
körner wird die Feinkornhärtung sowie die Mischkristallhärtung durch die o.g. erzeugungsbedingten Silizium- und Mangangehalte genutzt. Die Streckgrenze nimmt
mit dem Perlitgehalt weniger zu als die Zugfestigkeit, da die Gleitung in den weicheren
Ferritkörnern beginnt.

**Bild 5: Mechanische Kennwerte (R_e, R_m und A_5) in Abhängigkeit vom C-Gehalt,
(nach /1/)**

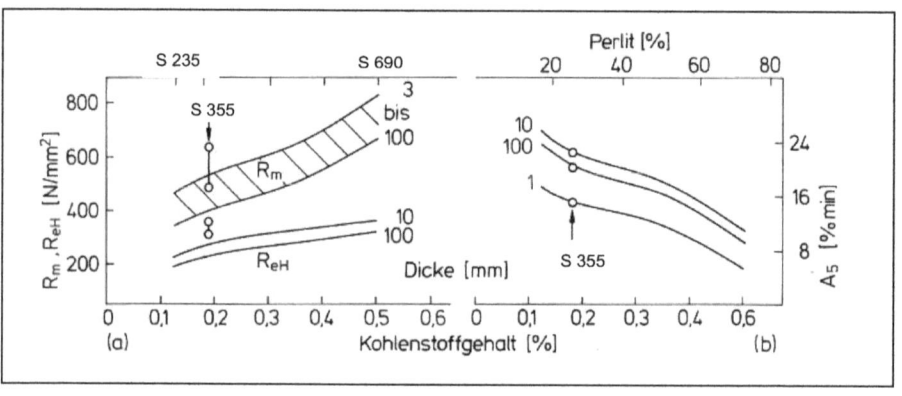

Mit zunehmender Erzeugnisdicke sinkt die Abkühlgeschwindigkeit bei Luftabkühlung
nach dem Walzen. Dadurch verringert sich die Perlitmenge und der
Karbidlamellenabstand nimmt zu. Beides senkt die Festigkeit. Gleichzeitig fällt
wegen der dickeren Karbidlamellen die Duktilität. Die Übergangstemperatur steigt mit
der Perlitmenge, der Karbidlamellendicke und dem Siliziumgehalt. Dieser
unerwünschten Verschiebung kann mit einer Kornfeinung durch Normalglühen
entgegengewirkt werden.

Unlegierte Baustähle für den Stahl- und Maschinenbau sind in DIN EN 10025-2 auf-
geführt (früher DIN 17100). Die Norm umfasst die Güten S 235JR bis S 355K2. Tiefs-
te, im Kerbschlagbiegeversuch (an der Längsprobe) überprüfte Temperatur, ist -
20°C, d.h. die Stähle sind für witterungsbedingte Temperaturen gedacht. Sie werden
einfach beruhigt (FN, Grobkorn) oder vollberuhigt (FF) und damit als ausgewiesene

Feinkornbaustähle geliefert. Tabelle 3 zeigt die Schmelzanalysen einiger ausgewähl-
ter Vertreter dieser Gruppe.

Tabelle 3: **Schmelzanalysen einiger allgemeiner Baustähle**
aus DIN EN 10025

Bezeichnung	Desoxidation	C	Si	Mn	P	S	N	Cu	Sonst.
S185	freigestellt	k.A.	k.A.	k.A.	k.A.	k.A.	k.A.	k.A.	-
S235JR	FN	0,20	k.A.	1,40	0,040	0,040	0,012	0,55	-
S235JO	FN	0,17	k.A.	1,40	0,035	0,035	0,012	0,55	-
S235J2	FF	0,17	k.A.	1,40	0,030	0,030	k.A.	0,55	-
S275JR	FN	0,22	k.A.	1,50	0,040	0,040	0,012	0,55	-
S355JR	FN	0,24	0,55	1,60	0,040	0,040	0,012	0,55	-
S355K2	FF	0,22	0,55	1,60	0,030	0,030	k.A.	0,55	-

$Al_{gesamt} >= 0,02\,\%$ *FU = unberuhigt; FN = einfach beruhigt; FF = vollberuhigt*

Die Auslieferung der unlegierten Baustähle erfolgt meist normalgeglüht bzw. normalisierend gewalzt. Die Stähle sind schweißgeeignet und das Kohlenstoffäquivalent
CEV ist in Abhängigkeit von Sorte und Blechdicke auf Werte zwischen 0,35 bis 0,49
begrenzt.

2.2 Hochfeste mikrolegierte Feinkornbaustähle

Feinkorn erzeugt man - wie bereits erwähnt - bereits recht einfach durch ein Beruhigen mit Si und Al. Der kostengünstige Weg einer parallel zu erzielenden Festigkeitssteigerung durch Kohlenstoff endet wegen Schweißeignung und Übergangstemperatur bei 0,22 % C bzw. bei dem Stahl S 355.

Diesem Gegensatz wird nun wie folgt begegnet: Durch niedrigere Kohlenstoffgehalte wird der Kohlenstoffäquivalenzwert beim Schweißen soweit gesenkt, dass kleine Zugaben von Vanadin, Niob und Titan (zwischen 0,03 und 0,3 % in der Summe) verträglich sind. Diese Mikrolegierung erzeugt während des Warmwalzens und bei der weiteren Abkühlung eine feine Dispersion von Karbid/Nitrid-Ausscheidungen. Im Austenitgebiet behindern die Ausscheidungen das Kornwachstum und die Rekristallisation, (Bild 6).

Bild 6: Verzögerung des Beginns der Rekristallisation durch Niob bei einem S355 (1: mit 0,042 % Nb; 2: ohne Nb-Zugabe), aus: /4/.

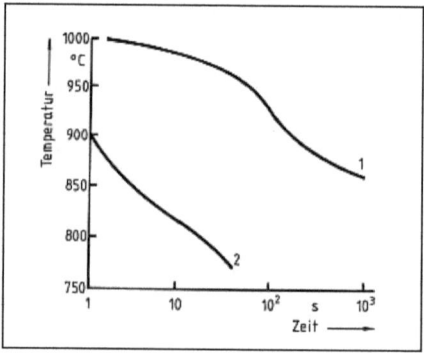

Mit diesem Mechanismus steigen die Chancen, dass ein feinkörniger unrekristallisierter Austenit in die γ/α-Umwandlung eintritt. Als Folge entsteht ein Ferritkorndurchmesser <10 μm, so dass $T_{\ddot{u}}$ sinkt. In der Umwandlungsfront, aber auch bei der anschließenden langsamen Abkühlung scheiden sich weitere sekundäre Karbide/Nitrtride aus, die noch feiner sind und eine Ausscheidungshärtung des Ferrits bewirken. $T_ü$ steigt dadurch wieder leicht an.

Eine zusätzliche Ausscheidungsverfestigung lässt sich darüber hinaus auch mit Cu (bis 0,7% zugesetzt - in Verbindung mit Ni) herstellen.

Da nach modernen Erschmelzungsverfahren hergestellter Stahl i.d.R. nur noch sehr geringe Stickstoffgehalte hat, muss diesen Stählen meist N zugegeben werden, um eine ausreichende Ausscheidung zu erzielen (bis max. ca. 0,030 %). Nickel wird diesen Stählen zur Verbesserung der Zähigkeit und zur Erhöhung der Festigkeit bis 0,85% zugegeben (auch zur Verhinderung von Lotbruch von kupferlegierten Stählen beim Warmumformen). Auch der Mn-Gehalt wird zur Steigerung der Festigkeit und Verbesserung der Zähigkeit auf Anteile bis 1,8 % erhöht, (Tabelle 4).

Tabelle 4: Schmelzenanalysen einiger mikrolegierter Feinkornbaustähle

Bezeich- nung	C <	Si <	Mn	P <	S <	Nb <	V <	Al_ges >	Ti <	Ni <	Cu <	N <
S420N	0,22	0,65	0,95- 1,80	0,040	0,035	0,06	0,22	0,015	0,04	0,85	0,60	0,027
S460NL	0,22	0,65	0,95- 1,80	0,035	0.030	0,06	0,22	0,015	0,04	0,85	0,60	0,027
P460NL	0,20	0,60	1,00- 1,70	0,025	0,015	0,05	0,20	0,020	0,03	0,80	0,70	0,025

Um die gewünschten feinen Teilchen ausscheiden zu können, müssen die Mikrolegierungselemente vorher durch Lösungsglühen weitgehend in Lösung gebracht werden. Dazu sind in der Reihenfolge V, Nb, Ti steigende Temperaturen erforderlich, die sich mit dem Stickstoffgehalt noch erhöhen. Eine völlige Auflösung würde jedoch rasches Kornwachstum in der Bramme auslösen und damit auch die Endkorngröße im aufgehaspelten Band in unerwünschter Weise vergröbern.

Die schwer löslichen Verbindungen erweisen sich nach der Wiederausscheidung als besonders effektive Austenitkornfeiner (Bild 7). Kleine Gehalte an Nb und Ti sind wirksamer als V. Da es auf die Atomkonzentration ankommt, erweist sich das schwerere Niob als besonders effektiv.

Bild 8: **Anteile der Feinkornhärtung und zusätzlicher Mikrolegierung an:**
a) Erhöhung der Streckgrenze Rₑ und b) der Übergangstemperatur Tₜᵢ, (nach /1/)

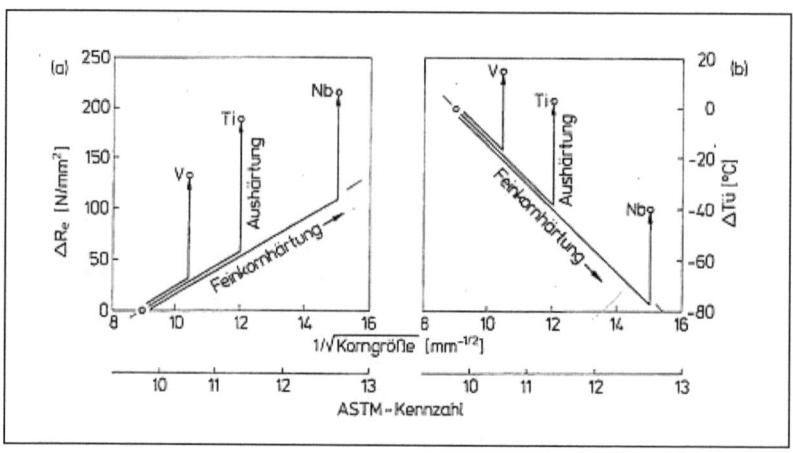

Diese Stahlgruppe erreicht garantierte Mindeststreckgrenzen von 460 MPa und zeichnet sich durch Alterungsunempfindlichkeit (N durch Al und Mikrolegierungselemente abgebunden), gute Umformbarkeit und Schweißeignung bei gleichzeitig hoher Sprödbruchsicherheit aus.

Die Güte NL hat eine garantierte Kerbschlagarbeit von 27 J längs bei -50°C, quer bei -20°C. Lediglich die normalisierte, kaltzähe Druckbehälter-Sonderreihe mit der Endung NL2 hat eine entsprechende Querkerbschlagarbeitsgarantie bei -50°C.

CEV liegt bei < 0,55, also nur geringfügig ungünstiger als bei den allgemeinen Baustählen.

2.3 Thermomechanisch behandelte Feinkornbaustähle

Ähnliche und noch einmal deutlich gesteigerte Festigkeiten wie bei den rein mikrolegierten Feinkornbaustählen lassen sich mit den thermomechanisch behandelten
Feinkornbaustählen erzielen. Hierbei werden im Zuge des Umformens die Temperaturen, Zeiten und die Umformvorgänge so aufeinander abgestimmt, dass gute Festigkeitskennwerte bei gleichzeitig guten Zähigkeitskennwerten resultieren. Auch hier
wird wieder u.a. der Mechanismus der Hemmung der Rekristallisation des Austenits
durch geeignete Ausscheidungen aktiviert, so dass die bei der nachfolgenden Abkühlung ablaufenden Umwandlungen z.T. aus dem verformten Austenit heraus stattfin-
den und zu besonders feinem Korn führen, (Bild 9).

Durch die Umformung wird die Keimbildung erleichtert und die Umwandlung be-
schleunigt. Bei Walzendtemperaturen bis in die Nähe von Ar_1 (ca. 700 °C) er-
streckt sich die Umformung auch auf das umgewandelte Ferrit/Karbid-Gefüge. Bei
höheren Walzendtemperaturen (ca. 800 °C) sind für gleiche Festigkeit größere
Gehalte an Mikrolegierungselementen erforderlich. Zu beachten ist bei dieser Behandlung jedoch, dass mit sinkender Umformtemperatur zwar die Festigkeit des
Bandes, leider aber auch die Beanspruchung der Walzwerke steigt.

Thermomechanisch behandelte Stähle sind damit ebenfalls mikrolegierte Stähle mit
abgesenktem C-Gehalt, bei denen der Warmumformprozess über die Formänderung
hinaus dazu benutzt wird, die Werkstoffeigenschaften zu verbessern. Thermomechanisch behandelte Stähle sind hochfest, kaltzäh, gut umformbar und gut schweißgeeignet. Oft ist ein Vorwärmen zum Schweißen nicht erforderlich.
Thermomechanisch behandelte Feinkornbaustähle mit Streckgrenzen bis 460 MPa
sind in den Normen DIN EN 10025-4, DIN EN 10028-5 und DIN EN 10113-3 aufge-
führt. DIN EN 10149-2 mit Stählen für das Kaltumformen enthält darüber hinaus Güten mit 500 bis 700 MPA Streckgrenze.

Bild 9: Metallkundliche Vorgänge in einem mikrolegierten und thermomechnisch behandelten Warmband, (nach /1/)

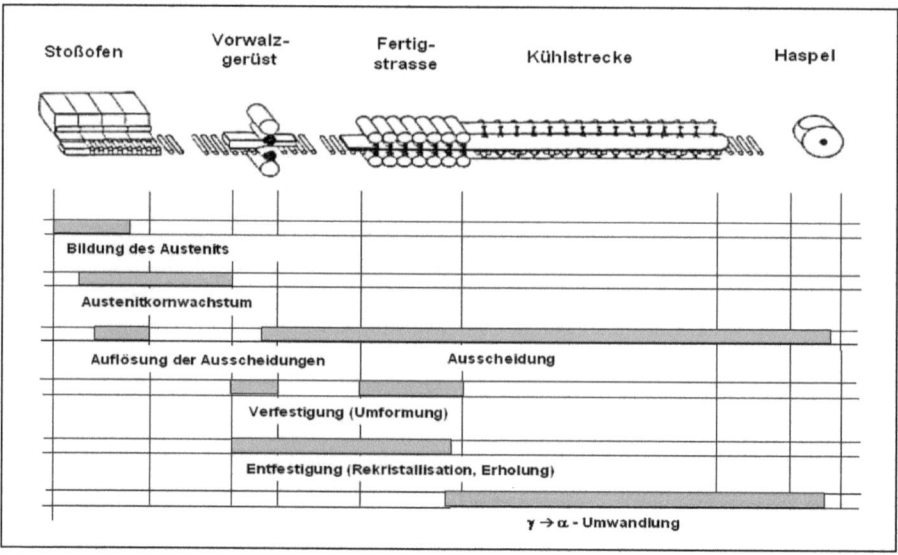

Tabelle 5 enthält beispielhaft Schmelzenanalysen von einigen Stählen aus dieser Gruppe.

Tabelle 5: Schmelzenanalysen einiger thermomechanisch zu behandelnden Stähle

Bezeich- nung	C <	Si <	Mn <	P <	S <	Nb <	V <	Al_ges >	Ti <	Ni <	Cu <	N <	Mo	B
S460ML	0,16	0,50	1,70	0,030	0,025	0,05	0,12	0,02	0,05	0,80	0,55	0,025	0,23	-
P460ML2	0,16	0,60	1,70	0,020	0,015	0,05	0,10	0,020	0,05	0,50	1)	0,020	0,20	-
S700MC	0,12	0,60	2,10	0,025	0,015	0,09	0,20	0,015	0,22	k.A.	k.A.	k.A.	0,50	0,005

1) Cr+Cu+Mo < 0,60

2.4 Vergütete Feinkornbaustähle

Wesentlich höhere Festigkeitskennwerte als bei den normalgeglühten, mikrolegierten und thermomechanisch behandelten Feinkornbaustählen lassen sich mit den vergüteten Feinkornbaustählen erzielen. Durch eine Schnellabkühlung von Walz- auf Haspeltemperatur (Sprühkühlung des Warmbandes) entsteht ein Bainit- oder Martensitgefüge, das in der Regel durch die Resthitze im Coil angelassen wird. Die Haspeltemperatur bewegt sich um etwa 600 °C. Die dann folgende langsame Abkühlung im Coil ermöglicht dem bis dahin schnell abgekühlten Stahl ein Anlassen des Abschreckgefüges sowie eine weitere Festigkeitssteigerung durch die Ausscheidung von Karbiden/Karbonitriden der Mikrolegierungselemente (s.o.).

Der bei diesem Fertigungsablauf entstehende Martensit besitzt wenig C und ist eher im oberen Temperaturbereich angelassen. Es sind Streckgrenzen bis zu etwa 1.100 MPa (in der Spitze moderner Vertreter dieser Stahlgruppe) bei gleichzeitig guter Zähigkeit möglich, (Bild 10). Beim Anlassen gehen zwar die Versetzungen und Verspannungen mit steigender Temperatur und Dauer zunehmend verloren, aber die Struktur bleibt extrem fein. Die Härtungswirkung der ausgeschiedenen Teilchen nimmt mit zunehmender Anlasstemperatur und -dauer infolge Koagulation ab (Ostwald-Reifung), woraus eine leichte Streckgrenzenverringerung resultiert aber gleichzeitig eine Zunahme von Verformbarkeit und Kerbschlagarbeit stattfindet.

Charakteristisch für vergüteten Feinkornbaustähle ist - insbesondere zur Verringerung der kritischen Abkühlgeschwindigkeit - die Zugabe von Cr, Mo, Ni, B und von mehr Mn und Si. Mo und Cr verringern zusätzlich über eine Sekundärhärtung den Streckgrenzenabfall beim Anlassen.
Die Vergütungsstähle sind unter entsprechenden Vorsichtsmaßnahmen ausreichend gut schweißbar.

Bild 10: Mechanische Eigenschaften (R_e und $T_ü$) von verschiedenen Feinkorn-baustählen, (aus: /4/).

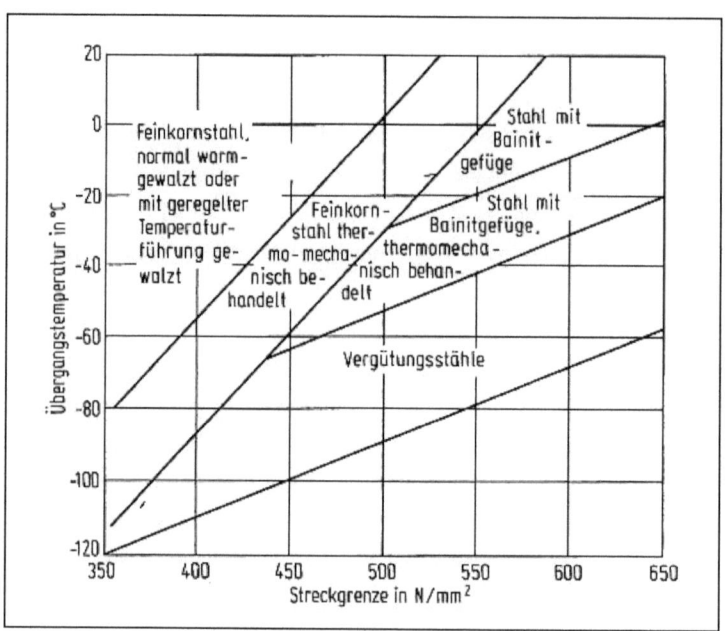

Vergütete Feinkornbaustähle sind genormt in DIN EN 10025-6, DIN EN 10028-6 und DIN EN 10137-2. Tabelle 6 enthält die einheitliche Schmelzenanalyse aller Vergü-tungsstähle nach DIN EN 10025-6:

Tabelle 6: Schmelzenanalyse der vergüteten Feinkornbaustähle

	C	Si	Mn	P	S	Nb	V	Al_{ges}	Ti	Cr	Ni	Cu	N	Mo	B	Zr
	<	<	<	<	<	<	<	>	<	<	<	<	<	<	<	<
alle Sorten 460-960	0,20	0,80	1,70	0,020	0,010	0,06	0,12	k.A.	0,05	1,5	2,0	0,55	0,015	0,7	0,005	0,15

Abschließend muss noch auf zwei, für die Verwendung von Feinkornbaustählen wichtige Punkte hingewiesen werden:

1. Die Verwendung hochfester Stähle in kerbbehafteten schwingungsbeanspruchten Konstruktionen ergibt oftmals keinerlei Vorteil gegenüber „weichen" Baustählen und ist in solchen Einsatzfällen nicht zu empfehlen.

2. Die Kerbschlagarbeit bei hochfesten Stählen ist wegen des höheren Festigkeitsanteiles grundsätzlich anders zu bewerten als die von normalfesten. Bei gleicher Kerbschlagarbeit bietet der weichere Stahl die höhere Sicherheit.

3 Ausblick

Die modernen höherfesten Stähle haben ein breites Spektrum an wesentlichen Eigenschaften, die dafür sorgen, dass sie ein sehr breites Anforderungsprofil erfüllen. Das bedeutet, dass höherfester Stahl bei vielen verschiedenen Anwendungen ein sehr wettbewerbsfähiges Material ist.

Die modernen höherfesten Stähle wurden in den letzten 20 Jahren dahingehend weiterentwickelt, dass die Nachteile der früheren Stahlqualitäten weitestgehend ausgemerzt wurden:

1. **Moderne höherfeste Stähle sind leicht formbar**

   Die Stähle weisen gute Umformeigenschaften in Kombination mit Festigkeit auf und haben von Lieferung zu Lieferung dieselben mechanischen Eigenschaften.

2. **Moderne höherfeste Stähle sind leicht schweißbar**

   Die Stähle brauchen nicht vorgewärmt zu werden, sondern können effizient mit herkömmlichen Schweißmethoden geschweißt werden.

3. **Moderne höherfeste Stähle können mit der vorhandenen Ausrüstung bearbeitet werden**

   Ein Wechsel zu höherfestem Stahl bedeutet oft, dass man die Dicke des Produkts verringert, um das Gewicht zu senken. Dies bedeutet, dass die erforderliche Presskraft unverändert ist. Meist reicht es, das Werkzeug umzustellen.

Die Möglichkeiten, Stahl mit noch höherer Festigkeit zu entwickeln, sind sehr gut und die Entwicklung des höherfesten Stahls wird natürlich nachfrageorientiert vom Markt gesteuert. Es liegt im Interesse sowohl der Hersteller als auch der Kunden, optimalen Nutzen aus den Eigenschaften des höherfesten Stahls zu ziehen, die weitere Entwicklung gemeinsam zu steuern und ihre Grenzen festzulegen. Die Erfahrung zeigt, dass bei Zusammenwirken der Material-, Konstruktions- und Produktionskompetenz adäquate und wirtschaftlich zufriedenstellende Gewinne mit höherfestem Stahl erzielt werden können.

4 Literaturhinweise

/1/   H. Berns, Stahlkunde für Ingenieure, Springer-Verlag

/2/   E. Hornbogen, Werkstoffkunde, Springer-Verlag

/3/   Thyssen Krupp Stahl AG, Informationsblatt „Hochfeste Sonderbaustähle

/4/   Werkstoffkunde Stahl, Verein Deutscher Eisenhüttenleute (Hrsg.), Springer-Verlag

Als im Text nicht erwähnte, jedoch ebenfalls sehr empfehlenswerte Literatur sei noch auf folgende Stellen hingewiesen:

- W. Schatt u.a. (Hrsg.), Konstruktionswerkstoffe des Maschinen- und Anlagenbaus, Deutscher Verlag für Grundstoffindustrie
- K.E. Hensger, M. Lwowitsch, Thermomechanische Veredlung von Stahl, Deutscher Verlag für Grundstoffindustrie
- Stahl-Eisen-Werkstoffblatt 088: Schweißgeeignete Feinkornbaustähle, Richtlinien für die Verarbeitung, besonders für das Schmelzschweißen.